LE CHEVAL

LE

CHEVAL

LE BŒUF, L'ANE, LE CHAMEAU, LE DROMADAIRE ET AUTRES QUADRUPÈDES.

3e ÉDITION.

LILLE

L. LEFORT, IMPRIMEUR-LIBRAIRE

MDCCCLX

C.

LE CHEVAL

I

Le cheval est le compagnon de l'homme, il lui rend mille services, et mérite d'être considéré comme un des bienfaits de la Providence. Par sa vitesse, il diminue l'espace; par sa force, il augmente la puissance de l'homme. Il se distingue autant par la grâce de son allure, la souplesse de sa démarche, que par l'activité et l'intelligence.

Job nous a donné une sublime description du cheval.

« Le souffle de ses narines répand la terreur. Il frappe la terre du pied; il bondit, il s'élance avec audace, il court au-devant des hommes armés; il méprise la peur, il brave les épées. Les flèches sifflent autour de lui, le fer des lances et des dards le frappe de ses éclairs; il écume, il frémit, il dévore la terre ; il n'est point effrayé du bruit des trompettes. Lorsqu'on sonne la charge, il dit : Allons ! De loin il sent l'approche des guerriers, il entend la voix des chefs et le bruit confus des armées. »

Voici comment Buffon fait la description du cheval.

« La plus noble conquête que l'homme ait jamais faite, est celle de ce fier et fougueux animal qui partage avec lui les fatigues de la guerre et la gloire des combats. Aussi intrépide que son maître, le cheval voit le péril et l'affronte ;

il se fait au bruit des armes, il l'aime, il le cherche, et s'anime de la même ardeur : il partage aussi ses plaisirs; à la chasse, aux tournois, à la course, il brille, il étincelle; mais docile autant que courageux, il ne se laisse point emporter à son feu, il sait réprimer ses mouvements : non-seulement il fléchit sous la main de celui qui le guide, mais il semble consulter ses désirs; et obéissant toujours aux impressions qu'il en reçoit, il se précipite, se modère ou s'arrête, et n'agit que pour y satisfaire. C'est une créature qui renonce à son être, pour n'exister que par la volonté d'une autre, qui sait même la prévenir ; qui, par la promptitude et la précision de ses mouvements, l'exprime et l'exécute ; qui sent autant qu'on le désire, et ne rend qu'autant qu'on veut ; qui, se livrant sans réserve, ne se refuse à rien, sert de toutes ses forces, s'excède et même meurt pour mieux obéir. »

II

« M. de Boussanelle, capitaine de cavalérie dans le régiment de Beauvillers, fait mention dans ses *Observations militaires*, imprimées en 1760, qu'en 1757 un cheval de sa compagnie, hors d'âge, très-beau et du plus grand feu, ayant eu tout à coup les dents usées au point de ne pouvoir plus mâcher le foin et broyer son avoine, fut nourri pendant deux mois, et l'eût été plus longtemps si on l'eût gardé, par les deux chevaux de droite et de gauche qui mangeaient avec lui. Ces deux chevaux tiraient du ratelier du foin qu'ils mâchaient et jetaient ensuite devant le vieil animal ; ils en usaient de même pour l'avoine qu'ils broyaient bien menue et mettaient ensuite devant lui. C'est ici, ajoute l'auteur, l'observation et le témoignage d'une compagnie entière de cavalerie. »

III

La race de chevaux la plus estimée nous vient de l'Arabie.

Les chevaux arabes sont en général d'une constitution délicate, mais accoutumés aux fatigues des longues marches, prompts, actifs et d'une vitesse surprenante. Le ventre mince, les oreilles petites et la queue peu fournie, telles sont les marques distinctives auxquelles on peut les reconnaître à la première vue. Presque toujours exempts de difformités apparentes, ils sont si doux et si dociles, qu'ils peuvent être soignés par les femmes et par les enfants avec lesquels souvent ils dorment sous la même tente. Jusqu'à l'âge de quatre ans, on ne leur met ni selle ni fers; ils sont communément nourris avec du lait de chamelle, et peuvent supporter la soif plusieurs jours de suite. Les qualités physiques que les Arabes estiment le plus dans un cheval, sont : le cou long et courbé, les oreilles délicatement formées et se touchant presque à leurs extrémités, la tête petite, les yeux grands et pleins de feu, la mâchoire inférieure étroite, la bouche découverte, les narines larges, le ventre peu développé, la jambe nerveuse, le pâturon court et flexible, le sabot dur et ample, la poitrine large, la croupe haute et arrondie. Quand l'animal réunit les trois beautés de la tête, du cou et de la croupe, ils le regardent comme parfait. Parmi les différents signes particuliers à chaque cheval, les uns sont regardés comme funestes, les autres comme favorables.

Le mot collectif par lequel les Arabes désignent les chevaux en général est *khayl*. Ils les divisent en cinq grandes races, originaires du Nejed; et, de temps immémorial, ils ont mis un soin extrême à conserver la pureté de la race. Quelques auteurs font remonter leur origine à la période la plus éloignée du paganisme, assignant comme leur père commun, un coursier fameux, nommé Mashoor, appartenant à un ancien chef d'une de leurs tribus. Quoi qu'il en soit, elles n'ont pas de marques caractéristiques qui puissent les distinguer les unes des autres. On ne les reconnaît qu'au moyen de certificats de leur généalogie, tirés et attestés par leur propriétaire, et dans lesquels l'origine masculine et féminine est spécifiée avec une grande exactitude. Tout cheval arabe mis en vente est habituellement pourvu de ses titres de naissance.

L'affection fraternelle, la prédilection décidée que les Arabes portent à leurs montures, sont fondées non-seulement sur l'utilité qu'ils en tirent dans leur vie active et vagabonde, mais encore sur une ancienne croyance qui doue les chevaux de sentiments nobles et généreux, d'une intelligence supérieure à celle des autres animaux. Ils disent ordinairement : « Le cheval est la plus belle créature après l'homme, la plus noble occupation est de l'élever, le plus délicieux amusement de le monter, et la meilleure action domestique de le soigner. »

IV

De tous les animaux domestiques, le cheval est celui qui nous rend le plus de services et qui nous les rend le plus volontiers. Il cultive nos terres, il transporte nos denrées, il se soumet avec docilité à toutes sortes de travaux pour une nourriture médiocre et frugale. La nature a donné au cheval un penchant à aimer et à craindre l'homme, et beaucoup de sensibilité aux caresses qui peuvent lui rendre sa domesticité agréable. De tous les animaux, il est celui qui, avec une grande taille, a le plus de proportion dans les parties de son corps. Tout en lui est élégant et régulier. Sa tête, si agréablement située, lui donne un air vif et léger, relevé encore par la beauté de son encolure. Son maintien est noble, sa démarche est majestueuse, et tous ses membres semblent annoncer du feu, de la force, le courage et la fierté.

V

Le bœuf n'a point les grâces et l'élégance du cheval. Sa tête, qui nous paraît monstrueuse, ses jambes, qui nous semblent minces et courtes relativement à la grosseur du corps, la petitesse de ses oreilles, son air stupide et sa démarche lourde, le rendent presque difforme à nos yeux : mais il compense bien ces irrégularités apparentes par les services importants qu'il rend à l'homme. Il est assez fort pour traîner de lourds fardeaux, et il se contente d'une chétive nourriture. Tout est utile en lui, le sang, la peau, les ergots, la chair, la graisse et les cornes. Il n'y a pas jusqu'à son fumier dont on ne tire parti : c'est un excellent engrais pour fertiliser les terres et les mettre en état de nous fournir chaque année de nouveaux aliments. Cet animal partage aussi avec l'homme les travaux pénibles de la campagne : il défriche nos terres, prépare nos moissons, transporte nos grains. Sans lui les pauvres et les riches auraient beaucoup de peine à vivre. Il est la base de l'opulence des Etats, qui ne peuvent fleurir que par la culture des terres et par l'abondance du bétail. Une chose remarquable dans le bœuf, c'est la structure des organes de la digestion. Il a quatre estomacs, dont le premier peut contenir quarante à cinquante livres de nourriture. Le troisième estomac, qui dans les brebis et dans les chèvres, où l'on rencontre aussi une organisation pareille, a trente-six plis ou sillons servant à la digestion, en a quatre-vingt-huit dans le bœuf.

VI

Quelque peu avantageux que soit l'extérieur de l'âne, et quelque dédaigné qu'il soit, cet animal ne laisse pas d'avoir d'excellentes qualités et de nous être très-utile. Si l'on s'adresse à d'autres pour des services distingués, celui-ci fournit au moins les plus nécessaires. Il n'est pas ardent et impétueux comme le cheval; mais il est tranquille, simple et toujours égal. Chez lui l'air noble est remplacé par une douce et modeste contenance : il n'a aucune fierté; il va uniment son chemin, porte sa charge sans bruit et sans murmure. Sobre et sur la quantité et sur la qualité des mets, il se contente de chardons et des herbes les plus dures et les plus désagréables. Il est patient, vigoureux, et résiste à la fatigue : il rend à son maître des services importants et continuels. Les occupations de l'âne se ressentent de l'obscurité des gens qui l'emploient, et il est un des plus utiles présents que Dieu ait faits à l'homme pauvre. Où en seraient réduits les vignerons, les jardiniers et la plupart des habitants de la campagne, c'est-à-dire les deux tiers des humains, s'il leur fallait des chevaux pour le transport de leurs marchandises et des matières qu'ils emploient? L'âne est sans cesse à leur secours : il porte le fruit, les herbages, le charbon, le bois, la tuile, la chaux, la paille et le fumier : tout ce qu'il y a de plus abject est son partage. Quel avantage pour cette multitude d'ouvriers, et même pour tous les hommes, de trouver un animal doux, fort et infatigable, qui, sans orgueil et sans frais, remplisse nos villages et nos villes de toutes sortes de commodités !

VII

Entre les bêtes de charge des parties méridionales, le dromadaire et le chameau sont singulièrement remarquables. Ces deux noms ne désignent pas deux espèces différentes ; mais seulement deux races distinctes, dont le principal et, pour ainsi dire, l'unique caractère sensible consiste, en ce que le chameau porte deux bosses sur le dos, au lieu que le dromadaire n'en a qu'une. Ce dernier est aussi plus petit et moins fort, mais il est, sans comparaison, plus nombreux et plus généralement répandu, le chameau ne se trouvant guère que dans le Turkestan et dans quelques autres endroits du Levant. L'espèce entière, tant de l'un que de l'autre, semble être confinée dans une zône de trois ou quatre cents lieues de largeur, qui s'étend depuis la Mauritanie jusqu'à la Chine.

Le chameau paraît originaire de l'Arabie. Non-seulement c'est le pays où il existe en plus grand nombre, c'est aussi celui auquel il convient le mieux. L'Arabie est la contrée du globe la plus aride et où l'eau est le plus rare : le chameau est le plus sobre des animaux, et peut passer plusieurs jours sans boire. Le terrain est presque partout sec et sablonneux; le chameau a le pied fait pour marcher dans les sables, et ne peut se soutenir dans les terrains humides et glissants. L'herbe et les pâturages manquent à cette terre : le bœuf y manque aussi, et le chameau le remplace. Aussi les Arabes regardent-ils cet animal comme un présent du Ciel, et sans le secours duquel ils ne pourraient ni subsister, ni commercer, ni voyager. Le lait des chameaux fait leur nourriture ordinaire; ils en mangent la chair, surtout celles des jeunes : le poil de ces animaux, qui est fin et moelleux, sert à faire des cordes et des étoffes dont ils se vêtissent et se meublent.

Les vastes déserts de l'Afrique et de l'Asie seraient impraticables; ces espèces d'îles, séparées des pays habités par des sables brûlants et stériles, n'auraient jamais été connues sans le chameau. Là, le transport des marchandises ne se fait que par le moyen de cet animal. Les marchands et autres passagers, pour éviter les pirateries des Arabes, se réunissent en caravanes souvent très-nombreuses. Chacun des chameaux est chargé selon sa force : il la sent si bien lui-même, que quand on lui donne un fardeau trop pesant, il le refuse, et demeure constamment couché jusqu'à ce qu'on l'allége. Ordinairement, les grands portent mille à douze cents livres, les petits sept à huit cents. Comme leur route est souvent de sept ou huit cents lieues, on règle leur mouvement et leur journée : ils ne vont que le pas, et font chaque jour dix à douze lieues. Tous les soirs on leur ôte leur charge et on les laisse paître en liberté. Si l'on est en pays vert, dans une bonne prairie, ils prennent, en moins d'une heure, tout ce qu'il leur faut pour en vivre vingt-quatre et pour ruminer toute une nuit. A défaut de plantes et d'arbrisseaux, un peu de foin, quelques poignées de noyaux de dattes, d'orge ou de fèves, suffisent à la subsistance de chacun d'eux pour toute une journée ; et, tant qu'ils trouvent à brouter la verdure, ils se passent très-aisément de boire.

Cette facilité est un effet de leur conformation. Il y a dans le chameau, indépendamment des quatre estomacs qui d'ordinaire se trouvent dans les animaux ruminants, une cinquième poche d'une capacité assez vaste pour contenir une grande quantité d'eau. Elle y séjourne sans se corrompre et sans que les autres aliments puissent s'y mêler. Lorsque l'animal est pressé par la soif, et qu'il a besoin de délayer les nourritures sèches et de les macérer par la rumination, il fait remonter jusqu'à l'œsophage une partie de cette eau qui humecte le gosier et descend dans l'estomac. C'est ainsi qu'il peut se passer plusieurs jours de boire, et qu'il prend en une seule fois une prodigieuse quantité de ce liquide.

VIII

Si, des pays méridionaux, nous passons dans les contrées septentrionales, nous y verrons les mêmes soins de la Providence pour l'homme qui les habite. Parmi les quadrupèdes de ces régions, se font remarquer l'élan et le renne. Le premier est grand, fort et d'une taille avantageuse; sa tête ressemble assez, par la forme, la grandeur et la couleur, à celle du mulet; ses jambes sont longues et fortes; son poil est d'un gris-cendré. Il est simple, stupide et peureux. L'élan trouve partout sa nourriture : cependant il préfère l'écorce ou les tendres rejetons des saules, des bouleaux et des cormiers. Extrêmement agile et doué de jambes fort longues, il peut, en très-peu de temps, faire beaucoup de chemin; mais, comme le cerf, nulle part il n'a perdu sa liberté.

Le renne, au contraire, est domestique chez les Lapons, qui n'ont point d'autre bétail. Cet animal, d'une forme élégante et agréable, ressemble beaucoup au cerf. Il cherche lui-même sa nourriture, qui consiste en mousses, en feuilles et en bourgeons d'arbres. Les peuples septentrionaux en retirent la plus grande utilité. Ils l'attachent à un traîneau, et voyagent avec une extrême vitesse sur la glace et sur la neige. Tous les biens des Lapons consistent dans leurs rennes : ils en mangent la chair, ils en boivent le lait, qui leur donne aussi du fromage ; la peau leur fournit des habits, des lits, des couvertures et des tentes ; en un mot, ils savent tirer de ces animaux toutes les commodités de la vie.

IX

Il n'est aucun objet de la création qui ne soit en rapport avec l'homme : comment se fait-il donc que, nous servant tous les jours des bêtes de charge, nous ne pensions point à Celui qui les forma pour nous. Leur nombre, proportionné à nos besoins, est, sans comparaison, bien plus considérable que celui des bêtes sauvages; et, ici, je remarque encore une attention de la Providence. Si ces dernières multipliaient autant que les autres, la terre deviendrait bientôt un désert. C'est Dieu qui nous attribua l'empire sur ces créatures : il nous donna la force ou l'adresse de les subjuguer, le droit de les faire servir à notre usage, de les contraindre à l'obéissance et de les employer comme il nous convient : don précieux, qui démontre à l'homme l'excellence de sa nature! En effet, si le Créateur n'eût imprimé dans les animaux une crainte naturelle pour l'être destiné à leur commander, il lui serait impossible de les dompter par la force. Mais Dieu nous les accorde pour compagnons de nos travaux, et non pour des esclaves : combien donc ne serions-nous pas injustes, si nous abusions de notre droit, en les excédant de fatigues ou en les maltraitant sans nécessité !

X

Dans les habitants des forêts, la nature se montre plus libre que partout ailleurs et plus indépendante : parée de sa seule simplicité, elle en devient plus piquante, par sa beauté naïve, sa démarche légère, son air dégagé et quelquefois noble et fier. Les uns, et ce sont les plus doux, les plus innocents, se contentent de s'éloigner, et passent leur vie dans nos campagnes : ceux-ci plus défiants, plus farouches, s'enfoncent dans les bois; d'autres se creusent des demeures souterraines, se réfugient dans les cavernes, ou gagnent le sommet des montagnes. Les plus féroces, ou plutôt les plus fiers, n'habitent que les déserts brûlants, et règnent en souverains dans ces climats brûlants où l'homme, aussi sauvage qu'eux, ne peut leur disputer l'empire.

Un de ces êtres innocents, doux et tranquilles, qui ne semblent faits que pour embellir, animer la solitude des forêts et occuper loin de nous ces retraites paisibles, est le cerf. Sa forme élégante, sa taille aussi svelte que bien prise, ses membres flexibles et nerveux, sa tête décorée plutôt qu'armée d'un bois vivant et qui se renouvelle chaque année; sa grandeur, sa légèreté, sa force, le distinguent assez des autres habitants des forets, dont il est le plus noble.

Le cerf paraît avoir l'œil bon, l'odorat exquis et l'oreille excellente. Est-il dans un petit taillis ou dans quelque autre endroit à demi découvert? il s'arrête pour regarder de tous côtés, et cherche ensuite le dessous du vent, pour sentir s'il n'y a pas quelqu'un qui puisse l'inquiéter. Quoique d'un naturel assez simple, il est curieux et rusé. Lorsqu'on le siffle, ou qu'on l'appelle de loin, il s'arrête tout court : il regarde fixément, et avec une espèce d'admiration, les voitures, le bétail, les hommes; et, s'ils n'ont ni armes ni chiens, il continue à marcher d'un pas tranquille et passe son chemin fièrement. Il paraît écouter avec plaisir le chalumeau et le flageolet des bergers; et les veneurs se servent quelquefois de cet artifice pour le rassurer. En général, il craint beaucoup moins l'homme que les chiens, et ne prend de la défiance et de la ruse qu'à mesure et autant qu'il en a été inquiété. Poursuivi par les chiens, il passe et repasse plusieurs fois sur sa voie : il leur donne le change, en se faisant accompagner d'autres bêtes, perce et s'éloigne aussitôt, se jette à l'écart, se dérobe, et se couche sur le ventre; la terre le trahissant toujours, il se met à l'eau. La biche qui nourrit se présente aux chiens pour leur dérober son faon : elle se laisse courir, et revient à lui.

XI

Aucune espèce n'est plus voisine d'une autre, que l'espèce du daim ne l'est de celle du cerf ;

cependant ces animaux, qui se ressemblent à tant d'égards, ne vont point ensemble, se fuient et ne se mêlent jamais. Les premiers paraissent d'une nature moins robuste et moins agreste que le cerf; ils sont aussi beaucoup moins communs dans les forêts : on les élève dans les parcs, où ils sont pour ainsi dire domestiques. Le bois de tous les daims se renouvelle tous les ans, comme celui du cerf; mais il tombe plus tard.

Amis de la société, ils restent presque toujours les uns avec les autres. Dans les parcs, lorsqu'ils se trouvent en grand nombre, ils forment ordinairement deux troupes, qui bientôt deviennent ennemies. Chacune a son chef qui marche le premier. Ils s'attaquent avec ordre, se battent avec courage, se soutiennent les uns les autres, et le combat se renouvelle tous les jours, jusqu'à ce que les plus forts aient chassé les plus faibles et les aient relégués dans le plus mauvais endroit du parc. Les daims aiment les terrains élevés et entrecoupés de petites collines. Ils ne s'éloignent pas comme le cerf, quand on les chasse ; ils ne font que tourner, et cherchent seulement à se dérober à la poursuite des chiens par la ruse et par le change. Cependant, lorsqu'ils sont pressés, échauffés et épuisés, ils se jettent à l'eau.

XII

Le cerf occupe, dans les bois, les lieux ombragés par les cimes élevées des plus hautes futaies. Un autre habitant des forêts, le chevreuil, d'une espèce inférieure, se contente de loger sous des lambris plus bas, et se tient ordinairement dans le feuillage épais des jeunes taillis. Mais, s'il a moins de noblesse que le cerf, moins de force et beaucoup moins de hauteur, il a plus de grâce, plus de vivacité et même plus de courage. Il est plus gai, plus leste, plus éveillé; sa forme est plus arrondie, plus élégante, et sa figure plus agréable; ses yeux, plus beaux et plus brillants, paraissent animés d'un sentiment plus vif; il bondit sans effort et avec autant de force que de légèreté. Ces gentils quadrupèdes, au lieu de marcher par grandes troupes, comme le cerf et le daim, demeurent en famille. Le père, la mère et les petits vont ensemble; et jamais on ne les voit s'associer avec des étrangers. Ils sont aussi constants dans leur union, que le cerf l'est peu. Comme la chevrette produit ordinairement deux faons, l'un mâle, l'autre femelle, ces jeunes animaux, élevés et nourris ensemble, prennent une si forte affection l'un pour l'autre, qu'ils ne se quittent jamais. Cet attachement réciproque n'a habituellement que le caractère de l'amitié la plus tendre : il n'en prend un autre que dans un certain temps de l'année, qui ne dure que quinze jours. Alors ils ne souffrent point que leurs faons restent avec eux : le père les chasse, comme pour les obliger à céder leur place à ceux qui doivent venir, et à former eux-mêmes une nouvelle famille. Cependant, après le temps d'effervescence, les faons reviennent auprès de leur mère et y demeurent encore quelque temps : ensuite, ils la quittent pour toujours, et vont tous deux s'établir à quelque distance des lieux où ils ont pris naissance.

Ainsi, la Providence divine n'a pas borné ses soins à embellir nos campagnes de ces riantes forêts où le sage aime à réfléchir : elle anime encore ces vastes bosquets de la nature, en les assignant pour demeures aux plus agréables des quadrupèdes, et a réuni pour l'homme, dans ces touchantes solitudes, les charmes d'une société douce et paisible, à ceux de la retraite qu'on y cherche.

XIII

Les espèces d'animaux les plus

nombreuses ne nous paraissent pas toujours les plus utiles : rien ne semble même plus nuisible que cette multitude de rats, de mulots, etc., dont la nature, ou plutôt son Auteur, permet, pour des fins qui nous sont en partie cachées, la prodigieuse multiplication. Mais l'espèce du lièvre et celle du lapin ont pour nous le double avantage du nombre et de l'utilité. Les premiers sont universellement et très-abondamment répandus dans tous les climats de la terre. Les lapins multiplient dans presque tous les lieux où l'on veut les transporter, au point qu'il n'est plus possible de les détruire, et qu'il faut employer beaucoup d'art pour en diminuer la quantité, quelquefois incommode. Dans les pays qui leur conviennent, la terre ne peut fournir à leur subsistance. Ils détruisent les herbes, les racines, les grains, les fruits, les légumes, et même les arbrisseaux et les arbres; et si l'on n'avait contre eux le secours des furets et des chiens, ils feraient déserter les habitants de ces campagnes.

Les lièvres ne vivent, pour ainsi dire, que la nuit. C'est alors qu'ils se promènent et qu'ils mangent. On les voit, au clair de la lune, jouer ensemble, sauter, courir les uns après les autres. Mais le moindre mouvement, le bruit d'une feuille qui tombe, suffit pour les troubler : ils fuient, chacun d'un côté différent. Ces animaux dorment beaucoup, et ils dorment les yeux ouverts : leurs paupières sont dégarnies de cils, et ils paraissent avoir la vue assez faible : mais ils ont, en récompense, l'ouïe très-fine et l'oreille d'une grandeur prodigieuse relativement à celle du corps. Ils marchent sans faire aucun bruit.

parce qu'ils ont les pieds garnis de poil, même par-dessous; et leur course est si rapide qu'ils devancent aisément les autres animaux.

En général, le lièvre ne manque pas d'instinct pour sa propre conservation, ni de sagacité pour échapper à ses ennemis. Il se forme un gîte, et sait se cacher entre des mottes de terre qui imitent la couleur de son poil : il en est même qui, comme le lièvre des Pyrénées, savent se creuser des terriers. En hiver, il se loge au midi; et en été, au nord. Lancé par les chiens, il suit quelque temps un sentier, revient sur ses pas, s'élance de côté, se jette dans un buisson et s'y tapit. Les chiens suivent le sentier, passent devant le lièvre et le manquent. L'animal rusé, qui les voit s'éloigner, sort de sa retraite, rentre dans le sentier, confond ses traces et met la meute en défaut. Sans cesse il varie ses ruses et se conduit toujours relativement aux circonstances. Tantôt, dès qu'il entend les chiens, il part du gîte, s'éloigne d'un quart de lieue, se jette dans un étang et se cache entre des joncs. Tantôt il se mêle à un troupeau de brebis, qu'il n'abandonne point. D'autres fois il se cache sous terre, ou bien il s'élance sur une vieille muraille, se tapit entre des lierres et laisse passer les chiens. Il sait aussi filer le long d'une haie, tandis que les chiens filent du côté opposé : il passe et repasse à plusieurs reprises une rivière à la nage; enfin, il oblige un autre lièvre à quitter le gîte, pour se mettre à sa place. Mais ce sont là, sans doute, les plus grands efforts de son savoir.

Plus industrieux que le lièvre, le lapin ne se borne pas à se pratiquer un gîte à la surface de la terre, il en perce l'intérieur et s'y procure un asile assuré. Ils vivent ensemble dans cette retraite paisible; ils y élèvent leur famille, sans crainte du renard ni de l'oiseau de proie.

La femelle se creuse un terrier plus profond encore. C'est un boyau tortueux, ou pratiqué en zigzag, à l'extrémité duquel sa tendresse ménage une grande cavité, qu'elle tapisse de son propre poil, et qui forme un lit très-mollet pour ses petits. Elle ne les quitte point les deux premiers jours, et ne sort ensuite que pour prendre de la nourriture. Le père n'entre point dans le terrier qu'a pratiqué la mère; et, quand elle va au champ, elle pousse souvent la précaution jusqu'à en boucher l'entrée avec de la terre détrempée pour en interdire l'entrée à tous. Devenus un peu plus grands, les petits commencent à brouter l'herbe tendre. Le père les reconnaît alors; il les prend avec ses pattes, il leur lèche les yeux, leur lustre le poil; et tous, les uns après les autres, ont également part à ses soins.

La paternité, chez les lapins, est fort respectée. Le premier père demeure le chef de la nombreuse famille et semble la gouverner. C'est ce qu'un habile observateur est parvenu à se démontrer. La famille eut beau s'augmenter : ceux qui devenaient pères à leur tour, étaient toujours soumis au premier. Se battaient-ils, soit pour quelque jalousie domestique, soit pour la nourriture, le grand-père accourait au bruit; dès qu'on l'apercevait, tout rentrait dans l'ordre; et, s'il en surprenait se trouvant aux prises, il les séparait et en faisait sur-le-champ un exemple. Une autre preuve de sa domination, c'est que, tous ayant été accoutumés à rentrer à un coup de sifflet, lorsqu'on donnait ce signal, quelque éloignés qu'ils fussent, on voyait le grand-père se mettre à leur tête et, quoique arrivé le premier, les laisser tous défiler devant lui et ne rentrer que le dernier.

Le lapin domestique ne se pratique pas sous terre un asile, comme le lapin de garenne. Sans doute il se dispense de ce soin, comme les oiseaux domestiques se dispensent de faire des nids, parce que les uns et les autres sont également à l'abri des inconvénients auxquels se trouvent exposés les oiseaux et les lapins sauvages. On a souvent remarqué, quand on a voulu peupler une garenne avec des lapins clapiers, que ces lapins restaient, comme les lièvres, à la surface du sol, et que ce n'était qu'après avoir éprouvé bien des inconvénients, et au bout d'un certain nombre de générations, qu'ils commençaient à creuser la terre pour se mettre en sûreté.

Le Créateur des êtres leur a

donné à tous les moyens de se conserver, relatifs aux circonstances; et, ce qui doit surtout exciter notre gratitude, c'est que ces soins de la Providence sont tous en rapport avec le bien-être des hommes.

Quelle admirable diversité dans la forme extérieure des animaux, dans leur figure, dans les organes de la vie, des sens, du mouvement. Cependant tout en eux est parfaitement assorti et proportionné au genre de vie auquel ils sont destinés. L'étendue de la création est sans bornes; il a plu au souverain Etre de réaliser tous les genres de vie et de bonheur ; et ce plan si digne de sa bonté, il l'a exécuté avec une puissance et une sagesse infinies. Que son nom soit béni dans toute l'éternité.

Lille, Typ. L. Lefort. 1859

www.ingramcontent.com/pod-product-compliance
Ingram Content Group UK Ltd.
Pitfield, Milton Keynes, MK11 3LW, UK
UKHW031951260826
14628UKWH00004B/1994

9 782329 587769